AF468578

DE

L'APPAREIL A PLAQUETTE

DANS LE TRAITEMENT

DU PIED BOT

PAR

Le Dr Louis PASCAUD

Ancien externe des hôpitaux de Paris,
Médecin stagiaire au Val-de-Grâce.

PARIS
A. PARENT, IMPRIMEUR DE LA FACULTÉ DE MÉDECINE
A. DAVY, successeur
31, RUE MONSIEUR-LE-PRINCE, 31

1882

DE

L'APPAREIL A PLAQUETTE

DANS LE TRAITEMENT

DU PIED BOT

PAR

Le Dr Louis PASCAUD

Ancien externe des hôpitaux de Paris,
Médecin stagiaire au Val-de-Grâce.

BIBLIOTHÈQUE NATIONALE R.F. IMPRIMÉS

2506

PARIS

A. PARENT, IMPRIMEUR DE LA FACULTÉ DE MÉDECINE

A. DAVY, successeur

31, RUE MONSIEUR-LE-PRINCE, 31

1882

Tm 110

A MON BON PÈRE

A MA BONNE MÈRE

A MES SŒURS

A MES FRERES

A MES BEAUX-FRÊRES ET BELLES-SŒURS

A MES AMIS

A LA MEMOIRE DE M. LE PROFESSEUR BROCA

A MES MAITRES DANS LES HOPITAUX

M. DE SAINT-GERMAIN

(Enfants-Malades, externat 1880).

M. BENJAMIN ANGER

(Externat 1881).

M. DIEULAFOY

A MES MAITRES DU VAL-DE-GRACE

A MON PRÉSIDENT DE THÈSE

M. LE PROFESSEUR TRELAT

DE

QUELQUES APPAREILS ORTHOPÉDIQUES

EMPLOYÉS DANS LE

TRAITEMENT DU PIED BOT

APPAREIL A PLAQUETTE

AVANT-PROPOS.

Frappé dans nos longues matinées d'hôpital de la fréquence du pied bot chez l'enfance et des conséquences fatalement terribles de cette affection abandonnée à elle-même ou, ce qui ne vaut guère mieux, confiée à une thérapeutique mal comprise, nous avons eu l'idée d'en faire le sujet de notre thèse inaugurale.

Nous avons donc étudié la question avec un intérêt tout particulier et, sans prétendre donner à ce travail les proportions d'une étude complète du pied bot, tâche au-dessus de notre trop jeune expérience, nous nous sommes borné à quelques considérations générales relatives à cette difformité en insistant sur son traitement et plus particulièrement sur les appareils orthopédiques qui, dans le traitement du pied bot, ont une importance capitale.

Nous avons passé en revue ceux de ces appareils qui nous ont paru causer le plus d'accidents, en nous efforçant de les apprécier à lenr juste valeur.

Dans un dernier chapitre, nous avons réuni tous nos efforts pour décrire aussi clairement que possible l'appareil à plaquette auquel nous n'hésitons point à donner la préférence.

Que notre cher maitre, M. le Dr de Saint-Germain, auteur de cet appareil, nous permette de lui adresser ici nos plus sincères remerciements pour les conseils qu'il n'a cessé de nous prodiguer, et pendant notre année d'externat, et depuis le jour où nous avons eu le regret de quitter son service. Il nous est bien doux de lui donner ici un témoignage public de notre vive gratitude.

Nous remercions particulièrement M. Monlon de l'obligeance avec laquelle il a mis à notre disposition un grand nombre d'appareils orthopédiques.

DÉFINITION.

On entend par pied bot tout vice de direction permanent, toute déviation persistante des pieds.

Les déviations de ce genre résultent d'une inclinaison des axes des os du tarse, du métatarse et des orteils, inclinaison maintenue par la disposition vicieuse des ligaments, des muscles, des os eux-mêmes. Cette inclinaison, le plus souvent ou tout au moins quand il s'agit du pied bot acquis, a pour point de départ celle qui se produit dans les mouvements physiologiques du pied; en effet, elle se répète souvent, sinon toujours dans le même sens, quand la cause qui la produit persiste; alors vient un moment où cette inclinaison n'est plus passagère et soumise à l'influence de la volonté; elle persiste *quand même* et constitue ce qu'on appelle le *pied bot confirmé.*

Les mouvements du pied, par rapport à la jambe, sont au nombre de quatre principaux : flexion, extension, adduction, abduction. A ces mouvements, s'en ajoutent d'autres intermédiaires qui résultent de l'association de la flexion et de l'extension avec l'adduction et l'abduction.

Des quatres mouvements simples, la flexion et l'extension seules se passent entre l'astragal et la mortaise péronéo-tibiale; dans les deux autres, adduction et abduction, l'astragal est immobile, le siège des mouvements réside dans l'articulation astragalo-calcanéenne et dans l'articulation médio-tarsienne. Quant aux mouvements associés, ils ont lieu à la fois dans ces jointures et dans l'articulation tibio-astragalienne.

Ces mouvements sont régis par des muscles, et nous ne pouvons nous empêcher d'en parler eu égard à l'importance de la ténotomie dans le traitement du pied bot.

Avant Duchenne (de Boulogne), la physiologie du mouvement était presque à l'état d'ébauche. Il a fallu que cet éminent physiologiste s'occupât de la question pour que des erreurs ne fussent pas plus longtemps consacrées, pour que la science fut enfin riche en données précises et justes sur bien des points de la physiologie musculaire. C'est donc d'après les recherches de Duchenne que nous allons résumer ce point de mécanique animale. Nous ne sortirons pas, bien entendu, de la sphère des muscles qui nous intéressent ici spécialement, c'est-à-dire ceux à qui revient la plus grande part dans l'étiologie des pieds bots.

Six muscles sont les agents essentiels des huit mouvements indiqués précédemment; ce sont :

1° Le triceps sural (jumeaux et soléaire) :

2° Le long péronier latéral ;

3° Le jambier antérieur ;

4° Le long extenseur des orteils;

5° Le jambier postérieur;

6° Le court péronier latéral.

Les quatre premiers muscles, quand ils agissent seuls, ne produisent que des mouvements mixtes ou composés.

Le triceps sural est extenseur-adducteur, le long péronier latéral, extenseur abducteur ; le jambier antérieur, fléchisseur adducteur; le long extenseur commun des orteils, fléchisseur abducteur.

L'extension directe résulte de l'action simultanée du triceps sural et du long péronier latéral.

La flexion directe de l'action réunie du jambier antérieur et de l'extenseur commun des orteils.

Le jambier postérieur produit l'adduction simple du pied; il devient un peu extenseur quand le pied est fortement fléchi.

Le court péronier latéral ne produit de même que l'abduction directe, quand le pied a été préalablement amené à l'angle droit.

Le péronier antérieur, quand il existe, concourt au mouvement de flexion abduction, avec le long extenseur des orteils, ce qui est fatal, puisqu'il n'est qu'un appendice de ce dernier.

Le long extenseur du gros orteil et le fléchisseur commun des orteils ne secondent ou ne suppléent que dans des cas particuliers, le premier, le fléchisseur adducteur; le second, l'extenseur adducteur du pied.

Le long fléchisseur du gros orteil ne paraît concourir à l'extension adduction que dans des cas pathologiques.

Nous ne nous étendrons pas sur les mouvements partiels de la moitié antérieure du pied, tels que certains mouvements isolés de l'articulation médio-tarsienne, ceux des os cunéiformes, des os du métatarse et des phalanges, cela, en effet, nous entraînerait à des développements qui ne doivent pas trouver place dans ce travail. Nous ne saurions cependant passer sous silence l'action toute spéciale du long péronier latéral, très-sommairemeut indiquée par Sœmmering et décrite d'une manière plus précise par Duchenne (de Boulogne).

Cette action s'excerce sur le premier métatarsien.

Le long péronier latéral abaisse avec force l'extrémité antérieur de cet os et entraine en même temps en bas les os cunéiformes, le scafoïde et même le cuboïde. Ce mouvement donne au pied plus de voussure dans son milieu, augmente en ce point la concavité plantaire et détache davantage l'espèce de talon antérieur formé par la saillie sous-métatarsienne du gros orteil.

Cette action du long péronier latéral devient la source de déformations particulières, soit en acquérant trop d'énergie, soit, au contraire, en perdant pour une raison quelconque l'énergie avec laquelle il doit se contracter normalement.

VARIÉTÉS DE PIEDS BOTS.

Nous venons de passer brièvement en revue les mouvements normaux du pied et l'influence qu'il faut attribuer à chaque muscle dans chacun de ces mouvements.

Aux huit positions que peut occuper le pied par rapport à la jambe correspondent, huit déviations possibles, huit variétés de pieds bots. Ce seront les déviations par extension, flexion, adduction, abduction, extension-adduction, extension-abduction, flexion-adduction, flexion abduction.

Mais, ce n'est pas tout, car la nature n'est point enchaînée dans ses écarts par les règles de l'ordre physiologique. Ainsi, dans la flexion, dans l'extension normales, tout le pied suit le mouvement de l'astragal et du calcaneum ; les orteils seuls se meuvent quelquefois dans une direction opposée.

Mais dans l'état pathologique, la rangée antérieure du tarse peut s'entraîner en sens contraire du mouvement de la rangée astragalo-calcanéeuse ; de là des déviations composées qui diffèrent des précédentes. Enfin, nous n'en finirions pas si nous voulions passer en revue les variétés sans nombre qui peuvent se présenter au chirurgien. Cela est si vrai qu'on n'a même pas essayé de donner un nom spécial pour chacune de ces variétés et qu'on les fait toutes rentrer dans une des quatre grandes classes suivantes :

Varus, Valgus, Talus, Equin.

Le pied bot est dit *varus* quand la plante du pied regarde en dedans.

Il est dit *Valgus* quand la plante du pied regarde en dehors.

Talus, si le pied est fléchi sur la jambe et si le *talon* seul porte à terre ;

Equin, si le pied est dans l'extension de manière que la pointe seule du pied porte à terre dans la station debout sur les pieds.

Toutefois on dit encore qu'un pied est *varus-équin* quand il présente simultanément la plante du pied en dedans et une extension forcée.

De même on a souvent occasion de prononcer les expressions *varus-talus*, *talus-valgus* etc... etc..., en commençant toujours par le nom de la déviation la plus prononcée ou la plus importante.

GÉNÉRALITÉS SUR LE TRAITEMENT DU PIED BOT

Quelle que soit la variété offerte par cette difformité; que le pied bot soit varus, valgus, équin ou talus, que la déviation soit simple ou composée, faible ou considérable, congénitale ou accidentelle, due à la rétraction ou à la paralysie de certains muscles, le traitement, dans tous les cas, consistera toujours :

1° A ramener le pied dans la direction normale et lui restituer une bonne conformation en agissant en sens inverse du déplacement ;

2° A maintenir le redressement obtenu et prévenir la récidive.

Trois ordres de moyens sont à la disposition du chirurgien pour atteindre ce double but :

1° Les mouvements provoqués à l'aide de manipulations journellement répétées ;

2° L'action d'appareils mécaniques spéciaux.

3° La section des parties qui opposent au redressement une résistance énergique.

Les manipulations et les appareils mécaniques peuvent être employés seuls dans les cas particulièrement *légers ;* mais lorsqu'il s'agit de pieds bots confirmés, l'emploi successif de ces trois ordres de moyens ne doit pas être négligé. Notre sujet ne comporte pas de développements relatifs aux sections sous-cutanées et aux manipulations ; nour dirons simplement que nous les croyons non seulement utiles, mais encore indispensables pour la guérison des pieds bots.

Dès l'année 1823 Delpech avait compris tous les avantages qu'on pouvait tirer de la ténotomie, et il écrivait : « nous sommes pleinement convaincu aujourd'hui que « cette opération est très-praticable dans toutes les régions « où des tendons s'opposent à l'attitude naturelle des « membres, quelle que soit l'origine de la difformité (1).»

Quant aux manipulations, nous ne saurions mieux en faire l'éloge qu'en empruntant cette phrase de Bouvier : « la main, appareil souple, actif et intelligent, susceptible « d'apprécier les indications et de les remplir, la main « est l'idéal des redresseurs mécaniques. »

Certes, comme Bouvier, nous pensons bien que la main est l'idéal des redresseurs mécaniques, mais comme il est impossible de faire manipuler continuellement un pied bot jusqu'à la guérison complète, on a dû imaginer des appareils mécaniques tendant à remplacer la main dans la mesure du possible.

Faire des appareils, ce n'était pas difficile ; on en a fait, même beaucoup et de très-compliqués ; mais les faire bons c'était plus difficile ; aussi pensons-nous que même aujourd'hui, le dernier mot n'est pas dit sur cette importante question.

APPAREILS ORTHOPEDIQUES

Les appareils orthopédiques applicables au traitement des pieds bots ont singulièrement varié depuis le brode-

(1) Chirurgie clinique de Montpellier, t. I, 1823.

quin en cuir bouilli d'Ambroise Paré, jusqu'aux appareils luxueux et compliqués qui figurent dans les étalages de tous les fabricants d'instruments de chirurgie.

Notre intention n'est point de décrire ici tous ces appareils, mais seulement d'étudier ceux qui sont le plus en honneur dans le monde médical, de les considérer au double point de vue de leurs avantages et de leurs inconvénients, espérant pouvoir déduire de cette étude comparée les raisons qui nous font préférer l'appareil à plaquette à toutes les autres machines.

APPAREIL A LEVIER BRISÉ DE DUVAL.

Parmi les appareils dont on se sert le plus communément aujourd'hui nous citerons l'appareil à *levier brisé* de Duval.

Cet appareil, comme tout appareil orthopédique pour pied-bot, se compose essentiellement de deux parties, l'une destinée à s'attacher à la jambe : c'est la pièce jambière ou tibiale. Ces deux parties sont réunies par un mécanisme compliqué sur lequel nous revenons plus bas.

La base de l'appareil se compose d'une planchette ou semelle de bois à peu près quadrangulaire, à pans coupés, divisée en deux fractions inégales articulées par un axe vertical qui les rend mobiles dans le plan horizontal. La fraction antérieure, plus longue que la postérieure, est destinée à supporter l'avant-pied. Ses mouvements sont réglés par une vis de rappel qui tourne dans deux pitons mobiles adaptés, l'un sur le bord externe de la partie de la semelle, l'autre sur le bord de la partie postérieure. Au milieu de la vis de rappel est une interruption en renflement, percée d'un trou carré destiné à recevoir une clef qui sert à faire marcher la vis.

Suivant que la vis sera tournée dans un sens ou dans l'autre, la partie antérieure de la semelle se portera de dehors en dedans, ou de dedans en dehors; ce qui donne le moyen de répondre aux indications présentées par le varus ou par le valgus. Le long du bord interne de la moitié antérieure de la semelle est clouée une large bande de cuir dont l'extrémité libre est divisée en deux ou trois chefs qui peuvent-être fixés sur le bord opposé à des boutons placés en avant de la vis de rappel, Cette bande de cuir, convenablement matelassée ou garnie de coussins sert à maintenir l'avant-pied sur la planchette. Une platine de tôle d'acier de cinq à six centimètres de haut et d'une largeur un peu moindre percée dans toute sa circonférence de petits trous permettant de coudre sur elle le coussin matelassé qui recouvre sa face interne, s'élève du bord interne de la partie postérieure de la planchette, où elle est solidement fixée par sa base. Cette base présente au-dessus du niveau de la semelle une ouverture horizontale longue de deux centimètres par laquelle passe une courroie qui vient s'agraffer à un bouton situé un peu plus haut. Cette courroie, ayant pour fonction d'embrasser le coup-de-pied et de maintenir le talus appliqué sur la moitié postérieure de la planchette, aboutit, par son autre extrémité à un bouton fixé à l'extérieure de la platine opposée, car il y en a une qui s'élève parallèlement à celle que nous avans déjà décrite. Cette seconde platine, également de tôle d'acier, un peu moins grande que l'externe, est adaptée en dedans de la même manière sur la moitié postérieure de la planchette.

Son bord antérieur est articulé à charnières, avec plaque de même métal, matelassée à sa face interne. Cette plaque intérieure sert à repousser en dehors le talon dévié en dedans au moyen de deux vis à bouton qui traversent la platine pour appuyer directement sur la plaque, de façon à produire, entre ces deux pièces, pivotant sur leur point de jonction antérieur, un angle ouvert en arrière.

La platine externe supporte le levier et ses engrenages.

Le levier, qui doit avoir une longueur égale à celle de la jambe est pourvu en haut, d'une embrasse qui sert à l'assujettir en s'agraffant à des boutons. Il est garni de laine et recouvert de peau dans ses trois quarts supérieurs. Son quart inférieur est brisé par un nœud de charnière et se trouve en rapport avec la face externe de la platine contre laquelle il appuie directement. Au-dessous du nœud de charnière le levier prend la forme d'un quart de cercle denté verticalement, et s'engrène ainsi sur le pas d'une vis sans fin qui est enfermée horizontalement dans une boîte solidement rivée sur la platine et percée d'un trou carré destiné à recevoir une cléf.

Cette seconde vis a pour mission de faire exécuter au levier des mouvements latéraux, c'est-à-dire, de le porter en dedans ou en dehors ; de façon que ces mouvements se communiquent aussitôt en sens inverse à la portion pédieuse de l'appareil.

Ainsi par exemple, lorsqu'au moyen de la clef, on imprime au levier un mouvement de dehors en dedans, la semelle s'incline et forme une concavité susceptible de ployer la saillie du pied varus le plus compliqué. De sorte qu'il suffit, après avoir placé le membre dans l'appareil préalablement infléchi au moyen de cette manœuvre et avoir assujetti l'extrémité supérieure du levier contre la face externe de la jambe, de tourner la vis de manière à ramener le levier en dehors pour que la platine comprime les parties saillantes de la déviation avec une force telle qu'on pourrait, si l'on n'était arrêté par la douleur vive causée au malade et par d'autres motifs qui commandent la modération, replacer le pied, sans désemparer, dans la direction normale. L'extrémité inférieure du levier se termine aussi par un quart de cercle denté mordant sur le pas d'une troisième vis sans fin dont l'axe est percé d'un trou carré comme les précédents. Cet engrenage, qui a pour effet de porter le levier en arrière ou en avant, sert à relever le pied équin. Quand cette espèce de déviation est très prononcée, il est nécessaire, avant d'appliquer l'appareil, de renverser d'abord le levier en arrière, à fin que la planchette prenne une direction conforme à celle dans laquelle se trouve le pied par rapport à la jambe et que le talon puisse reposer sur la semelle. Après quoi, l'appareil étant assujetti sur le membre, il n'y a plus qu'à tourner la troisième vis à l'aide de sa clef pour amener le redressement. (Gaujot)

Cet appareil, on le voit, est des plus ingénieux et dénote de la part de son inventeur une grande habileté dans le maniement de la science mécanique ; mais ne serait-il pas plus ingénieux encore si, avec tous les avantages qu'il présente, il était plus simple et d'un maniement plus facile ? Ce dernier point, en effet, n'est pas indifférent, attendu que ces appareils, quels qu'ils soient, sont destinés à être maniés par des personnes, soit le père, soit la mère, ou autres, qui souvent n'ont jamais eu entre les mains un instrument de précision. En outre, cet appareil exige, par son prix fabuleux (*au moins* 90 à 100 fr.), de la part des familles, des sacrifices qu'elles ne peuvent pas toujours s'imposer.

Passe encore si ces inconvénients étaient les seuls, car

enfin ils ne sont pas d'une importance capitale ; mais il en est un autre sur lequel nous ne saurions trop insister, étant de ceux que le chirurgien redoute par-dessus tous : nous voulons parler des eschares. Cet appareil, en effet, dit à levier brisé de Duval, agit en exerçant des pressions plus ou moins énergiques sur les saillies qu'offrent les pieds bots ; il en résulte, non pas toujours, car cet appareil, comme les autres, compte certainement des succès, mais trop souvent la formation d'eschares dans les points qui subissent les pressions.

Doit-on s'en étonner ? Non, certes, puisque quatre-vingt-dix-neuf fois sur cent ces pressions s'exercent sur la peau d'enfants nés à peine depuis quelques semaines, et quoi de plus fragile que cette peau qui se laisse déprimer par la moindre pression et se transforme en eschares avec la plus grande facilité en dépit des coussins les plus moelleux ?

APPAREIL DE J. GUÉRIN.

L'appareil de J. Guérin, dont on se sert encore assez communément aujourd'hui, est un peu moins compliqué que celui de Duval. Comme ce dernier, il se compose d'une partie jambière et d'une partie podale réunies par un mécanisme permettant de se servir de la partie jambière comme un levier brisé, mais, tandis que dans l'appareil de Duval, le mécanisme consiste en un engrenage mu par une clef, dans l'appareil Guérin, le mécanisme employé consiste à placer, à la jonction du tuteur avec l'étrier, une double charnière dont les mouvements sont réglés à l'aide d'une vis à marteau. La disposition de l'appareil varie suivant qu'il doit être appliqué au redressement du varus ou à celui du valgus.

Dans l'appareil qui sert au varus la partie jambière est placée en dehors du membre ; elle est assujettie à la jambe et à la partie inférieure de la cuisse à l'aide d'embrasses de cuir renfermant un demi-cercle métallique en dehors et en arrière. Son extrémité

BIBLIOTHÈQUE ... RENNES

inférieure, au lieu de se relier directement à l'étrier, est articulée en nœud de compas, au niveau de la malléole, avec la partie supérieure d'une pièce intermédiaire, longue de trois à quatre centimètres, dont la partie inférieure est réunie par une charnière à axe antéro-postérieur. Cette pièce intermédiaire est pourvue d'un prolongement à chaque extrémité pour offrir un point d'appui aux vis de pressions. Le prolongement supérieur forme une sorte de bec coudé, qui s'élève presque verticalement en contournant en arrière l'articulation du tuteur jambier. L'inférieur n'est autre que la pièce intermédiaire elle-même descendant à deux ou trois centimètres au-dessous de la charnière en dedans de l'étrier.

La vis de pression supérieure dirigée un peu obliquement de haut en bas et d'avant en arrière, traverse une coulisse rivée à la face externe de la branche jambière, immédiatement au-dessus de l'articulation avec la pièce intermédiaire, et arrive à la rencontre du prolongement supérieur. La deuxième vis traverse horizontalement de dehors en dedans la branche verticale de l'étrier un peu au-dessous de la charnière et va appuyer en dedans contre la face externe du prolongement inférieur de la pièce intermédiaire. Une troisième brisure mobile à l'aide du même mécanisme a été ajoutée par Charrière à cet appareil. Celle-ci se trouve à la jonction de la semelle de bois avec la branche transversale ou inférieure de l'étrier. Un clou rivé, placé au centre de la portion postérieure de la semelle en la fixant sur son support métallique, lui laisse la liberté d'exécuter des mouvements de rotations dans le sens horizontal, comme autour d'un pivot vertical répondant à l'axe du membre prolongé.

Ces mouvements ayant pour effet de porter l'avant-pied, soit en dehors, soit en dedans, et en même temps, de repousser le talon dans un sens contraire, sont réglés par une troisième vis de pression qui traverse une coulisse placée au niveau du coude de l'étrier pour se diriger obliquement de haut en bas, de dehors en dedans et d'avant en arrière, c'est-à-dire dans une situation telle que son extrémité appuie sur le bord externe de la semelle, derrière l'étrier.

La vis de pression remplit dans chaque brisure des fonctions bien déterminées. Dans la première brisure elle sert à faire basculer le pied sur l'articulation de l'étrier avec la tige de la jambe de façon à produire l'élévation de la pointe et l'abaissement du talon. Par le plus ou moins de saillie laissée à la vis, il est facile de graduer et d'arrêter l'extension au point voulu, tout en conservant la liberté des mouvements dans le sens de la flexion.

La vis de la brisure moyenne ramène l'étrier en dehors, et avec lui tout le pied; elle détermine, par conséquent, la rotation du pied sur son axe antéro-postérieur, en abaissant le bord interne et la plante, et en relevant le bord externe.

De même que la précédente elle a pour fonctions de régler et de limiter la rotation du pied en dedans, laquelle est d'ailleurs bornée à la perpendiculaire par le prolongement vertical inférieur de la pièce intermédiaire, tout en conservant la liberté des mouvements dans le sens de la rotation en dehors.

Dans la brisure inférieure, la vis de pression a pour effet d'amener l'abduction de la pointe du pied, dont les mouvements dans ce sens restent entièrement libres, et de s'opposer à volonté au mouvement d'adduction.

Quant aux moyens propres à assujettir le pied dans cet appareil ils consistent :

1° En une talonnière de cuir rigide fixée sur la semelle comme un contrefort, mais percée en arrière et en bas pour laisser la place libre au talon, et prolongées en avant sous forme de deux languettes susceptibles d'embrasser le cou-de-pied en s'appliquant par-dessus la pièce suivante ;

2° Une sorte de guêtre de cuir mou, bien rembourrée qui se lace autour du bas de la jambe et des malléoles, et dont le bord inférieur est pourvu, tantôt d'une seule courroie placée sur la ligne médiane en arrière, tantôt de deux courroies latérales, nécessaires quand on veut éviter de presser sur le tendon d'Achille, lesquelles courroies, engagées dans l'échancrure de la talonnière et agrafées aux boutons postérieurs de la semelle servent à attirer le talon et à le maintenir appliqué ;

3° Une large courroie antérieure, clouée d'une part sur le bord interne de la semelle et ajustée, de l'autre, sur le bord externe, par deux chefs agrafés à des boutons métalliques.

Le même mécanisme est applicable aussi au traitement du valgus, moyennant les changements suivants :

Le tuteur sera placé en dedans du membre en sorte que son articulation avec la pièce intermédiaire et l'étrier réponde à la malléole interne. La brisure supérieure, destinée à produire la réflexion, n'a besoin d'être changée que lorque la déviation se complique de pied talus auquel cas le prolongement supérieur de la piéce intermédiaire devra être placé en avant du tuteur et la vis de pression dirigée d'arrière en avant. Mais il est nécessaire que les deux charnières inférieures soient modifiées de façon à produire des effets inverses de ceux que l'on obtient avec l'appareil précédent. Ainsi dans la brisure moyenne, chargée d'effectuer la rotation du pied suivant son axe antéro-postérieur la vis de pression horizontale devra traverser l'étrier un peu au-dessus de la charnière et appuyer directement sur la pièce intermédiaire dépourvue de prolongement inférieur.

Par cet arrangement le rôle des pièces se trouve interverti, de telle sorte que c'est l'extrémité supérieure de l'étrier qui devient le levier et la pièce intermédiaire le point d'appui. L'éloignement de ces deux parties basculant sur la charnière placée au-dessous doit donc avoir pour conséquence le redressement de la plante ainsi que du bord interne du pied repoussé vers l'adduction. Dans la brisure inférieure la vis sera dirigée d'arrière en avant, de dehors en dedans et un peu de bas en haut, de manière à venir s'appliquer contre le bord externe de la portion antérieure de la semelle et à provoquer ainsi l'adduction de la pointe du pied, en limitant son abduction. (Gaujot.)

Cet appareil présente certains avantages parmi lesquels on doit signaler celui de refuser au pied bot tout mouvement dans le sens de la déviation, tandis qu'il laisse pour ce même pied le champ libre à tous les mouvements dans le sens opposé à celui de l'attitude vicieuse.

Il semblerait même qu'à l'aide de ses vis à marteau, il dût plus qu'aucun autre, favoriser le redressement rapide du pied bot ; mais ici, comme dans l'appareil Duval, il faut redouter les eschares, qui ne demandent qu'à se produire et à apporter un retard sérieux dans la guérison définitive du pied bot ; les eschares qui obligent le chirurgien à interrompre toute espèce de traitement, défendre toute espèce d'appareil, et cela pendant quinze jours, trois semaines, un mois peut-être, jusqu'à ce que, grâce aux topiques émollients, ces eschares soient complètement guéries.

Et qu'arrive-t-il alors ? Pendant ce laps de temps relativement considérable, la déformation s'est reproduite avec toute l'intensité qu'elle offrait au premier jour : le tout est à recommencer, mais avec plus de prudence, plus de soin et avec un appareil ne donnant pas lieu si facilement à ce redoutable accident.

Malheur donc au praticien qui se laisse trop facilement aller à cette façon commode de soigner les pieds bots! Malheur surtout au pauvre enfant victime de cette fausse manœuvre!

Enfin, cet appareil nous parait encore trop compliqué, et, suivant l'opinion de M. le professeur Gaujot, trop fragile, ces pièces métalliques ne pouvant offrir une solidité suffisante qu'à la condition de devenir trop lourdes.

Nous finirons là ces descriptions détaillées et ennuyeuses. Nous ajouterons seulement que nous considérons comme ne remplissant pas les indications voulues tous les appareils qui n'ont qu'un soulier ou une bottine pour maintenir le pied dans une bonne direction.

De deux choses l'une en effet : ou la chaussure est bien faite, juste au pied, et alors elle le maintient dans les premiers jours ; mais le temps fait subir à cette chaussure une déformation telle qu'elle présente bientôt une forme identique à celle du pied bot confirmé et partant ne sert plus absolument à rien ; ou cette chaussure est trop lâche et le pied mal maintenu se hâte de reprendre son attitude vicieuse en dépit de la forme et de la position plus ou moins irréprochables de sa chaussure.

Ce sont là comme deux pierres d'achoppement contre lesquelles le chirurgien ne saurait trop se mettre en garde, mais qui sont loin de présenter la même gravité. Dans le premier cas, en effet, la déformation de la chaussure est trop évidente pour ne pas sauter aux yeux du chirurgien qui constate l'imperfection de l'appareil et en applique un autre, alors qu'il en est encore temps. Dans le second cas, au contraire, l'appareil se présente sous l'aspect le plus séduisant quant à la forme et à la direction ; mais le pied est et restera toujours pied bot, comme devant.

Ce qui arrive alors est bien simple : la famille de l'enfant est enchantée ; ne croit-elle pas en effet que le petit pied de ce dernier est droit, puisqu'il est dans une chaussure elle-même droite? Le chirurgien reste bien tranquille s'il n'a pas la précaution de faire déchausser souvent son malade pour constater les progrès que doit faire ce pied vers la guérison ; puis, quelque six mois après, la surprise de tous les intéressés est à son comble : on vient de s'apercevoir qu'il n'y a rien de fait, si ce n'est du temps de perdu : le tout est à recommencer.

On le voit, ce moyen de contention du pied sur la portion podale d'un appareil est déplorable, et l'observation suivante vient suffisamment à l'appui de notre manière de voir.

Observation I (personnelle).

Tendant à prouver l'imperfection du soulier comme moyen d'attache du pied bot sur la portion podale d'un appareil.

Paul Lévêque est né en 1872 avec un pied bot varus équin du côté droit.

Rien n'est fait à son pied jusqu'à l'âge de 4 ans. En 1876, il subit en province la section du tendon d'Achille et porte l'appareil suivant pendant plus de deux ans.

Cet appareil se compose essentiellement de deux parties : l'une jambière, l'autre podale. La partie jambière est composée de deux tiges en fer, montant de chaque côté de la jambe, à laquelle elles s'attachent au moyen de courroies et de demi-arcs de cercles en fer, le tout suffisamment capitonné. Ces deux tuteurs s'articulent, par leur extrémité inférieure, à une sorte d'étrier ; cette articulation est destinée à permettre les mouvements de flexion et d'extension du pied, et par conséquent la marche quand l'appareil est en place.

La portion podale (et c'est elle qui offre tout l'intérêt de l'observation) est composée d'une simple semelle en cuir très fort, reliée au reste de l'appareil au moyen de l'étrier auquel elle est fixée. Enfin, cette semelle de cuir porte à chaque bord latéral des pitons destinés à attacher les courroies qui servent à attacher sur la semelle le pied bot, *chaussé au préalable de son soulier ordinaire*

Pendant ces deux années, aucune manipulation n'a d'ailleurs été faite.

En 1878, la mère de l'enfant voyant que le pied bot était toujours aussi tordu que le premier jour, enlève l'appareil et laisse aller l'enfant le pied absolument libre.

Le 11 janvier 1882, l'enfant est amené à la consultation du bureau central, où nous constatons ce qui suit :

Paul Lévêque a un pied bot varus équin du troisième degré. Le bord interne du pied présente une courbure à concavité interne très prononcée ; le bord externe au contraire présente une sorte d'angle ouvert en dedans, dont le sommet est formé par le cuboïde sur lequel le malade marche presque exclusivement ; cela nous explique l'énorme trou que nous constatons à son soulier précisément à cet endroit.

Paul Lévêque ressent une douleur excessive toutes les fois qu'il se livre à une marche même de courte durée.

Réflexion. — Doit-on s'étonner de cet insuccès ? Non, certes, et la surprise ne serait de mise que dans le cas où il en eût été autrement.

Comment, voilà un enfant auquel on sectionne le tendon d'Achille et qui est mis dans un appareil ne maintenant en aucune façon le pied bot dans une bonne direction ; il ne profite pas de l'immense bénéfice des manipulations, puisque personne n'en a parlé à la mère, et il ne guérit pas ! Mais cela devait être et sera, il faut bien le dire, chaque fois qu'un pied bot sera confié à une semblable thérapeutique.

La préférence doit donc être accordée, croyons-nous, à tout autre moyen de contention du pied sur la portion podale de l'appareil quel qu'il soit.

Une méthode assez simple et qui assujettit comme il convient le pied bot dans une bonne direction est celle qui consiste à fixer, sur la semelle d'un appareil analogue à celui dont nous venons de parler, le pied, *non plus chaussé au préalable de son soulier ordinaire*, mais simplement recouvert d'un peu d'ouate qui évitera les écorchures par la compression des courroies. Ce n'est que quand le chirurgien s'est bien assuré de la bonne position du pied sur l'appareil qu'on peut recouvrir le tout d'une chaussure faite en conséquence.

Cette méthode a sur la précédente l'immense avantage de permettre la constatation de la bonne ou de la mauvaise direction du pied sur l'appareil ; en outre, elle est d'une application facile et exempte de causes d'erreurs ; ce sont là des conditions inhérentes au succès et que ne saurait présenter un appareil qui enferme le pied dans une chaussure sans laisser voir s'il a ou non gardé la position la plus favorable à une guérison sûre et prochaine.

Enfin ce système compte un grand nombre de succès réalisés sous nos yeux et c'est à ce titre que nous nous croyons autorisés à lui accorder notre confiance. C'est lui en effet qui a servi à fixer sur la portion podale de l'appareil à tuteur, les pieds des nombreux enfants sur lesquels ont porté nos observations.

Puisque nous sommes amenés à parler de l'appareil à tuteur, nous allons en faire une description aussi succincte que possible. Cette description ne sera certes pas déplacée ici, cet appareil étant de ceux qui sont appelés à un grand avenir et ayant déjà rendu d'immenses services à l'orthopédie.

APPAREIL A TUTEUR

Cet appareil, dit à tuteur, est un appareil destiné aux pieds bots *convalescents* c'est-à-dire aux pieds bots en traitement depuis un certain temps et qui n'opposent plus de résistance aucune à leur redressement complet.

Il comprend deux parties : la première, jambière, se compose simplement de deux tiges d'acier suffisamment matelassées montant de chaque côté (int. et ext.) de la jambe et s'y fixent au moyen de courroies. L'extrémité inférieure de ces deux tuteurs s'articule comme les deux branches d'un compas avec l'extrémité supérieure de l'étrier, sorte de pièce également en acier qui présente effectivement la forme d'un étrier dont la branche horizontale est fortement rivée avec la semelle qui forme la portion podale de l'appareil. Les mouvements que permet cette articulation des tuteurs avec l'étrier s'exécutent autour d'un axe horizontal et qui passerait exactement par celui de l'articulation tibio-tarsienne.

A ce propos, nous signalerons un mécanisme ingénieux que nous avons remarqué dans les ateliers de M. Moulon : ce mécanisme consiste à adapter à la jointure un point d'arrêt tel que l'un des mouvements, celui de flexion ou celui d'extension, se trouve *limite* tandis que l'autre reste parfaitement libre.

Ainsi, si nous supposons un appareil à tuteur pour un pied bot varus équin déjà en traitement depuis plusieurs mois avec l'appareil à plaquette et qui entre dans la période que nous avons appelée *de convalescence*, cet appareil à tuteur agira de deux manières : d'abord il maintiendra dans une abduction relative le pied de l'enfant par ses tuteurs condamnés à rester dans le même plan que celui des tiges verticales de l'étrier; ensuite, par le point d'arrêt de la jointure, il s'opposera à l'équinisme du pied tout en laissant pleine et entière latitude aux mouvements de flexion ou en talus de ce même pied.

Il est évident que si cet appareil doit être adapté à un pied ayant de la tendance au talus, il sera construit de telle manière que le point d'arrêt de la jointure limitera le mouvement dans le sens du talus tandis qu'il le laissera complètement libre dans celui qui met le pied en équin.

Quant à la seconde partie, dite podale, elle se compose d'une semelle en tôle recouverte de bazanne pour la rendre plus douce au pied. La face supérieure présente un petit coussin allongé qui forme saillie; ce petit coussin occupe, soit la moitié externe, soit la moitié interne de la face supérieure de la semelle à laquelle il est fixé et est destiné à tenir le pied en valgus s'il est à la partie externe, en varus s'il est à la partie interne.

Il va sans dire que l'appareil est fait de manière à tenir le pied en valgus lorsqu'il doit s'appliquer à un pied bot varus; en varus, au contraire, lorsqu'il s'agit d'un pied bot valgus. Cela ressort du principe suivant à savoir, que le redressement d'un pied bot ne saurait être durable si, par le traitement, ce pied n'a subi une légère déviation dans le sens opposé à celui de l'attitude primitivement vicieuse.

Vers la partie moyenne du bord interne de cette semelle est fixée l'extrémité d'une sorte de sangle en cuir doux, large environ de 3 centimètres, destinée à passer sur le coup de pied de l'enfant en y exerçant une certaine pression et à s'attacher à un bouton fixé à cet effet sur le bord externe de cette semelle à l'union du tiers postérieur avec le tiers moyen. Une autre sangle analogue et destinée à fixer l'avant-pied, part du tiers antérieur du bord externe de la semelle à une direction oblique de dehors en dedans et d'avant en arrière pour aller se fixer, par son extrémité postérieure, à un bouton fixé à cet effet à l'union du tiers moyen avec le tiers postérieur du bord interne de cette semelle.

Ce n'est pas tout : pour assujettir convenablement le talon, cet appareil comporte encore une talonnière.

Cette talonnière, dont se servait déjà Venel et aprés lui Ivernois et Mellet est une espèce de guêtre en cuir embrassant le bas de la jambe, fermée en avant par un lacet et terminée par deux courroies percées de trous, destinées à s'accrocher à deux boutons métalliques fixés contre le bord postérieur de la semelle. Inversement, les deux courroies par leur extrémité inférieure à la semelle, tandis que leur extrémité supérieure, percée de trous, s'attache à une boucle fixée de chaque côté de la face externe de la guêtre.

Il va sans dire que la guêtre doit être convenablement matelassée en dedans, en même temps qu'elle doit être suffisamment résistante pour ne pas se laisser plisser à mesure qu'on tire sur les courroies.

Enfin, nous ne saurions passer outre sans dire un mot

de l'appareil à *tuteur-rotateur*, inspiré par M. le Dr de Saint-Germain et que nous avons vu pour la première fois dans les ateliers de M. Moulon.

Cet appareil est complètement identique à l'appareil à tuteur simple quant à la partie podale ; la partie jambière seule diffère en ce sens que la tige externe est prolongée jusqu'au-dessus des hanches où elle est fixée à une véritable ceinture en acier suffisamment matelassée. Cette tige externe présente une jointure au niveau de l'articulation du genou de manière à permettre la flexion de la jambe sur la cuisse et partant la marche. Vers la partie moyenne de la tige, allant de cette jointure à la ceinture en acier, existe une sorte d'engrenage qui, à l'aide d'une clef, permet d'imprimer à toute la portion de l'appareil qui est inférieure à cet engrenage, un mouvement de *rotation* autour d'un axe vértical, de manière à porter la pointe du pied, soit en dedans, soit en dehors, et cela en prenant un point d'appui sur le tronc.

Cet appareil nous paraît être dans certains cas d'une utilité incontestable. Il arrive en effet qu'après un traitement même irréprochable, certains pieds bots sont complétement guéris en tant que pieds bots, mais présentent encore quelque chose de choquant, à savoir : la pointe du pied qui est tournée soit en dedans, soit en dehors.

Ici l'attitude vicieuse ne saurait résider dans l'articulation tibio-péronéo-astragalienne, puisque cette articulation ne permet absolument que les mouvements de flexion et d'extension. Peut-être réside-t-elle un peu dans l'articulation astragalo-calcanéenne qui permet des mouvements de rotation ; mais les observations prouvent que ce mouvement de rotation, qui porte la pointe du pied soit en dedans, soit en dehors, se passe principalement dans l'articulation coxo-fémorale ; cela est si vrai que les malades, qui offrent cette sorte de déviation de la pointe du pied, ont en même temps les genoux tournés en dedans ou en dehors. Les choses se sont évidemment passées de la manière suivante : par suite des exigences que demandait le pied bot pour la marche avant sa guérison, la cuisse a subi un mouvement de rotation soit en dedans, soit en dehors ; cette position dans la rotation, la cuisse la garde, même après la guérison du pied bot et cela résulte croyons-nous de l'habitude, de la mauvaise éducation pour ainsi dire, qu'ont reçue les muscles rotateurs de la cuisse.

L'attitude vicieuse réside dans l'articulation coxo-fémorale, c'est donc dans cette articulation qu'il faut la combattre et l'appareil à *tuteur-rotateur,* qui agit sur le membre inférieur en prenant un point d'appui sur les os iliaques est l'appareil indiqué en pareil cas.

L'observation VI relate une circonstance dans laquelle son application a été suivie du meilleur résultat.

Nous en avons fini avec les appareils plus ou moins employés, plus ou moins décrits jusqu'à nos jours et abordons de suite la description de l'appareil de M. le Dr de Saint-Germain, de l'appareil à plaquette.

APPAREIL A PLAQUETTE.

Comme tous les appareils construits en vue de la guérison des pieds-bots, l'appareil à plaquette se compose essentiellement de deux parties, l'une podale, l'autre jambière

La partie dite podale comprend une simple plaquette

(APBT) (voir la figure 1) en bois ou en buffle ayant à peu près la forme de la face plantaire du pied qu'elle doit dépasser sur tout son parcours de 10 à 15 millimètres, lorsque le pied est fixé sur sa face supérieure. Cette plaquette est percée de deux fenêtres (FF') longues environ de 3 à 4 centimètres et dont les directions convergent vers un point du prolongement du grand axe de la plaquette situé à 10 ou 12 centimètres de son extrémité postérieure (T). Ces deux fenêtres laissent passer deux bandelettes de diachylon qui, comme nous le verrons plus loin, jouent un rôle important dans la fixation du pied sur la plaquette. Cette obliquité des fenêtres a pour but de permettre aux bandelettes de diachylon de bien s'appliquer sur les parties latérales du pied qui est plus étroit à la partie moyenne qu'à la partie antérieure.

Quant à la partie dite jambière, elle se compose essentiellement d'une tige également en bois ou en buffle (AS) solidement fixée à 2 ou 3 centimètres (cela dépend de la longueur de la plaquette) en avant de l'extrémité postérieure du bord externe de la plaquette. Elle est arrondie à sa partie supérieure ce qui lui donne une plus grande résistance, applatie latéralement vers sa moitié supérieure, de manière qu'elle s'applique mieux à la face externe de la jambe, enfin légèrement déjetée en dehors à sa partie supérieure, pour que la bande qui doit l'assujettir à la jambe n'ait pas de tendance à remonter, ce qui empêcherait l'appareil de bien rester en place.

Ce n'est pas tout : nous avons encore à préciser les rapports de position qui doivent exister entre la plaquette et la tige.

Ces rapports doivent changer, non seulement avec

chaque variété mais encore avec chaque degré de pieds bots

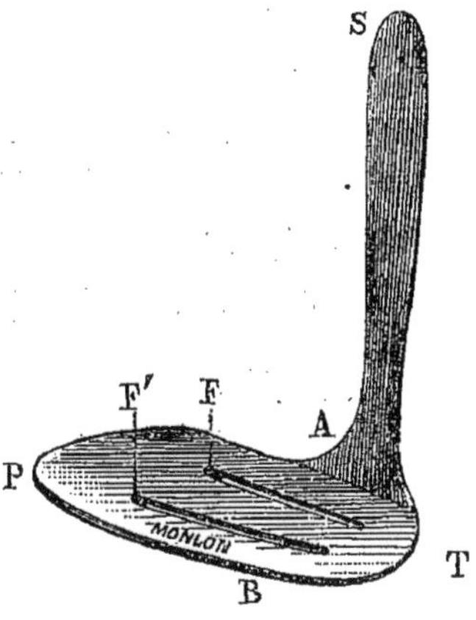

FIGURE I.

Nous supposerons, pour la facilité de la description, un appareil à plaquette fait pour un enfant dont le pied est parfaitement droit, et dont on veut prévenir toute déviation dans quelque sens que ce soit, dans tous les sens, par conséquent, puisqu'on ignore, pour ce cas absolument fictif, dans quel sens une déviation tendrait plutôt à se produire. Pour cet appareil, devant s'appliquer à un pied parfaitement droit, la tige devra former avec la plaquette un angle droit suivant toutes les directions ; elle devra lui être rigoureusement perpendiculaire.

L'appareil est-il fait pour s'appliquer à un pied bot équin ? l'angle (SAB) reste droit, tandis que l'angle (SAP) devient légèrement aigu, et que l'angle (SAT) devient naturellement obtus, ces deux angles étant supplémentaires.

L'appareil est-il fait pour un cas de pied bot talus? ce sera alors l'angle (SAT) qui devra être légèrement aigu, pendant que l'angle (SAP) deviendra obtus, l'angle (SAB) restant toujours à 90°.

Si nous supposons un appareil à plaquette pour un cas de pied bot varus simple, ce ne sont plus les angles antérieurs et postérieurs qui varient, ils restent à 90° ; et pourquoi n'y resteraient-ils pas, puisque le pied qui nous occupe n'est ni équin ni talus ? l'angle (SAB), au contraire, devra être légèrement obtus.

Enfin, dans le cas de valgus simple, l'angle (SAB) seul change de dimension et doit être légèrement aigu.

On comprend que s'il s'agit d'un pied bot dont les déviations soient multiples, il sera toujours facile de combiner entre elles les différentes inclinaisons dont nous venons de parler, de manière que l'appareil réponde à la fois aux différentes exigeances de la difformité. Qu'il s'agisse en effet d'un pied bot varus équin, l'appareil combattra l'équinisme par la position de la partie podale par rapport à la partie jambière, position telle que l'angle (SAP) sera légèrement aigu ; la déviation en varus sera en même temps combattue par l'inclinaison de la plaquette, inclinaison telle que l'angle (SAB) sera légèrement obtus. Il en sera de même pour toutes les positions intermédiaires que l'on voudra imaginer.

En résumé, nous dirons que l'inclinaison de la plaquette par rapport à la tige doit être telle que, l'appareil étant en place, le pied soit maintenu dans une attitude *qui n'est pas la position normale, mais qui la dépasse légèrement dans le sens exactement opposé à celui de la déviation.*

MANIERE DE METTRE EN PLACE L'APPAREIL A PLAQUETTE

Trois bandelettes de diachylon, un peu d'ouate et une bande, c'est là tout ce qu'il faut pour mettre en place l'appareil à plaquette.

Cette opération fort simple comprend quatre temps distincts.

1er *temps.* — L'opérateur applique une bandelette de diachylon (largeur : 2 à 3 centimètres) le long de la face externe, une autre le long de la face interne de la jambe ; la troisième sert à faire deux ou trois tours de circulaire peu serrés à l'endroit de la jarretière pour assurer le maintien des deux premières. Ces deux premières, qui sont latérales, doivent être de trente à trente-cinq centimètres plus longues que la jambe et serviront à assujettir le pied sur la plaquette.

2me *temps.* — Le pied et la jambe sont enveloppés d'ouate.

3me *temps.* — Le pied, recouvert, de sa ouate est fixé sur la plaquette. Pour cela l'opérateur passe dans les deux fenêtres de la plaquette les deux bandelettes de diachylon, de telle manière que la bandelette externe passe dans la fenêtre externe, l'autre dans la fenêtre interne. Cela fait, la face supérieure de la plaquette se trouve exactement appliquée sur la face plantaire du pied et les chefs inférieurs des deux bandelettes de diachylon latérales pendent au dessous de l'appareil, comme les représente la figure II.

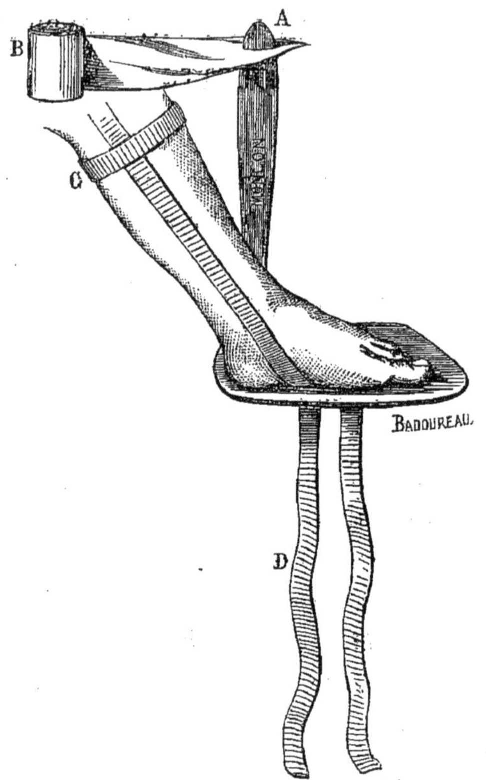

FIGURE II.

Cette figure représente le 3e temps de l'opération qui consiste à mettre en place l'appareil à plaquette. Ici le pied bot est un équin simple.

C'est alors que le pied est rigoureusement assujetti sur la plaquette au moyen des chefs pendants des bandelettes du diachylon auxquels on fait faire, l'un après l'autre, plusieurs tours de spirale passant successivement sur la face inférieure de la plaquette, sur un de ses bords, sur le dos du pied, sur l'autre bord, et ainsi de suite jusqu'à extinction des deux bandelettes.

4me *temps.* — La partie jambière de l'appareil est amenée contre la face externe de la jambe et y est rigoureusement fixée à l'aide d'une bande de toile (fig. II). Cette même bande sert aussi à faire quelques tours de spirale, embrassant le pied et la plaquette, et vient ainsi en aide au diachylon dans le maintien du pied en bonne position sur la plaquette. Le chef terminal de la bande est fixé par une épingle et l'appareil est en place.

Il est bon, pour que la tige de l'appareil reste bien contre la face externe de la jambe, de faire une boutonnière au chef initial de la bande de toile; cette boutonnière devra être traversée par l'extrémité supérieure de la tige que l'opérateur amènera à sa bonne position en tirant sur la bande de toile, puis terminera en faisant les tours de spirale et comme nous l'avons indiqué plus haut.

Il est évident que pendant ce mouvement qui amène la tige contre la face externe de la jambe, le pied, qui est fixé au préalable sur la plaquette, vient prendre la position qui convient, puisque l'inclinaison de la plaquette par rapport à la tige a été calculée pour cela, et garde cete bonne position jusqu'à ce qu'on enlève l'appareil.

Observation II (personnelle).

Pied bot varus équin congénital 2e degré; appareil à plaquette; guérison.

Arlepin (Charles), est venu au monde, le 10 juin 1881, avec un pied bot varus équin du côté gauche.

23 août. Il est apporté à l'hôpital de l'Enfant-Jésus où nous constatons que non seulement son pied gauche ne porte sur le sol que par l'extrémité antérieure de son bord externe, mais encore qu'il est impossible, à l'aide de

la main, de le ramener à une bonne position. Nous constatons également que le tendon d'Achille forme une corde saillante et résistante quand nous faisons des manœuvres de réduction.

Le 25. M. le docteur de Saint-Germain sectionne le tendon d'Achille, redresse le pied qui est aussitôt mis dans un *appareil à plaquette* fait au préalable suivant les indications de ce pied bot.

La mère de l'enfant le ramène chez elle et il est convenu qu'elle le ramènera à la consultation le 1er septembre.

1er septembre. L'appareil à plaquette est enlevé par M. le docteur de Saint-Germain; le petit tampon d'ouate, imprégné de collodion, qui couvrait la piqûre faite par le ténotome est en même temps enlevé.

Le pied est vigoureusement manipulé devant la mère qui prend une leçon de manipulation.

L'appareil est remis en place et il est bien convenu que la mère devra, tous les jours au moins une fois, défaire l'appareil, manipuler vigoureusement le pied bot, comme on le lui a montré, puis remettre l'appareil.

10 septembre. Nous ôtons nous-même l'appareil et constatons que les manipulations sont rigoureusement faites tous les jours, car le pied offre déjà moins de résistance pour être mis dans une bonne position.

Nous manipulons un instant et remettons l'appareil en place.

Le 17. Même constatation, même manœuvre. Nous insistons beaucoup auprès de la mère pour qu'elle prenne grand souci à bien faire les manipulations.

Le 24. Même constatation, même manœuvre, mêmes recommandations auprès de la mère.

Le 1er le 15 et 29 octobre. — Même constatation, etc... Novembre le 15 et le 26. Même constatation etc., etc...

24 décembre. L'enfant pose le pied absolument à plat sur un plan horizontal ; il est complètement guéri ; mais, pour éviter que la déviation ne se reproduise, quand l'enfant marchera, M. le docteur de Saint-Germain ordonne un appareil à tuteur.

Observation III (personnelle).

Pied bot varus simple aux deux pieds ; ténotomie ; appareil à plaquette ; guérison.

Danien (François), âgé de huit mois, vient le 23 août à la consultation de l'hôpital des enfants malades. M. le docteur de Saint-Germain constate chez cet enfant deux pieds bots varus simples.

25 août. Section des deux tendons d'Achille — application de *deux appareils à plaquette* répondant aux indications des pieds bots.

1er septembre. Nous constatons que tout va très-bien, manipulons, et faisons à la mère de l'enfant les mêmes recommandations que nous avons faites à la dame Arlepin dans l'observation II.

10 septembre. Nous constatons que la mère a beaucoup trop serré une bandelette de diachylon sur le dos du pied droit de l'enfant ; elle avait omis, en outre, d'entourer le pied d'une quantité d'ouate suffisante, et nous remarquons un point rouge sur le dos du pied, point qui aurait probablement donné une eschare si l'on avait laissé la bandelette ainsi serrée plus longtemps. Nous faisons des reproches à la mère en tâchant de lui démontrer l'importance de nos recommandations.

Nous manipulons et remettons l'appareil.

Dès ce jour tout se passe comme dans l'observation II, et le 31 décembre M. de Saint-Germain ordonnait deux appareils à tuteur : les pieds bots étaient guéris.

Observation IV (personnelle).

Pied bot varus équin acquis ; section du tendon d'Achille ; manipulations ; appareil à plaquette ; guérison.

Colin (Auguste) est né avec des pieds bien conformés. A l'âge de trois mois, il a des convulsion

A l'âge de 7 mois, les parents s'aperçoivent que le pied broit est tordu en dedans (varus). L'enfant a 10 mois quand nous l'examinons à l'hôpital des Enfants-Malades.

Le pied droit est en varus équin ; la jambe du même côté a un peu diminué de volume. Les muscles répondent aux courants électriques.

Le 7 avril, il est opéré etporte depuis cette époque, sans accident, l'*appareil à plaquette.*

On lui fait des manipulations, et, dans les premier jours de janvier, M. de Saint-Germain ordonnait un appareil à tuteur ; d'ailleurs, l'enfant posait parfaitement son pied à plat sur un plan horizontal.

L'enfant était guéri après un traitement de huit mois.

Observation V (personnelle).

Pieds bots varus simples aux deux pieds ; section du tendon d'Achille ; appareil à plaquette ; guérison.

Bouton (Albert), âgé de 4 mois, est amené à la consultation de l'Enfant-Jésus, le 26 septembre 1881. M. le Dr de

Saint-Germain diagnostique deux pieds bots varus simples congénitaux.

Le 29 septembre, la ténotomie est faite aux deux pieds. — Application de l'*appareil à plaquette.* — Manipulations.

Nous revoyons le malade tous les quinze jours à la consultation de l'hôpital des enfants, où nous le faisons venir et où nous constatons les progrès qu'il fait vers la guérison.

Le 25 janvier, l'enfant pose parfaitement à plat les deux pieds sur un plan horizontal. Un appareil à tuteur lui est ordonné pour chaque pied.

Guérison obtenue en quatre mois.

Observation VI (personnelle).

Pied bot non guéri par suite de mauvais traitement suivi pendant plus de trois années après lesquelles M. le Dr de Saint-Germain l'entreprend ; ténotomie ; appareil à plaquette ; manipulations ; guérison.

Masson (Emile) présente un pied bot varus équin du second degré du côté droit.

Ce pied bot est congénital. Jusqu'à l'âge de 3 mois, appareil de gutta-percha qu'il porte jour et nuit.

A trois mois, ce même appareil de gutta-percha n'est plus mis que la nuit.

A 16 mois, appareil fait avec du carton, de la gutta-percha, le tout recouvert de bandes silycatées.

A l'âge de 18 mois, l'appareil précédent est enlevé et remplacé par un appareil à levier brisé de Duval.

Cet appareil de Duval est gardé pendant deux années.

Enfin, la mère de l'enfant, lasse de voir se succéder les appareils sur ce pied bot depuis trois ans et demi sans résultat, vient consulter M. le Dr de Saint-Germain à l'hôpital des enfants malades.

2 janvier 1881. Emile Masson, âgé de 3 ans et demi, présentait un pied bot varus équin du second degré et du côté droit.

Le 5. Section du tendon d'Achille. — Application de l'*appareil à plaquette.*

Les jours suivants, manipulations et appareil à plaquette.

15mai. L'enfantp osait parfaitement le pied à plat sur un plan horizontal ; il commençait à prendre un appareil à tuteur qu'il garda trois mois, après lesquels il était complètement guéri.

Réflexion. — S'il n'y a pas lieu de conclure de cette observation que les appareils précédemment appliqués au pied bot de l'enfant sont dangereux, il en résulte au moins qu'ils ont été inefficaces au point de vue de la guérison.

Dira-t-on qu'ils ont empêché l'aggravation de la difformité ?

Nous le voulons bien : mais nous sommes tenté de croire que si pendant trois ans et demi l'on n'a pas obtenu, on n'a pas exigé davantage de ces appareils c'est dans la crainte de voir se produire les accidents dont nous avons parlé.

Observation VII (personnelle).

Varus équin du second degré aux deux pieds ; section du tendon d'Achille ; appareil à plaquette : manipulations ; appareil à tuteur-rotateur ; guérison.

Cervelet, né le 28 octobre 1879 avec les deux pieds en varus équin au second degré.

Le 15 janvier 1880, M. le Dr de Saint-Germain lui sectionne le tendon d'Achille. Application de *deux appareils à plaquette.* — Manipulation pendant un an. Appareils à tuteur-rotateur, car la pointe du pied, le pied bot guéri, regardait un peu en dedans.

Le 14 janvier, 1882, l'enfant marchait parfaitement à plat et était complètement guéri.

Observation VIII (personnelle).

Paillard (Jeanne), née le 12 octobre 1880 avec un pied bot varus simple au côté gauche.

Au commencement d'avril 1881, section du tendon d'Achille. Appareil à plaquette manipulations.

Le 16 novembre 1881, Jeanne Paillard posait parfaitement le pied à plat sur un plan horizontal; M. le Dr de Saint-Germain ordonne un appareil à tuteur. — Guérison.

Observation IX (personnelle).

Donaniel (Louis) présente un pied bot varus équin congénital très prononcé.

A l'âge de 12 mois, section du tendon d'Achille, redressement immédiat. Application d'un *appareil silicaté.*

Cet appareil fait énormément souffrir l'enfant.

Trois jours après, l'appareil est enlevé et le chirurgien constate une eschare large comme une pièce de quarante sous, sur le bord interne du pied, au niveau de l'articulation du premier métatarsien avec le gros orteil,

Cette eschare s'étendait un peu sur la face plantaire et ut assez profonde pour faire interrompre toute espèce de traitement pendant deux mois.

Après ces deux mois, tout le fruit de la ténotonie antérieure était perdu : de nouvelles adhérences s'étaient en effet formées et le pied ne pouvait se poser sur un plan horizontal que par sa face dorsale.

Le 1er mai 1881, nouvelle section du tendon d'Achille par M. le Dr de Saint-Germain : redressement immédiat. Nous constatons un écartement de 3 centimètres entre les deux bouts du tendon. *Application de l'appareil à plaquette.* Manipulations.

Le 1er janvier 1882, marche complètement à plat, sans appareil.

CONCLUSIONS

Nous conclurons en disant que dans le traitement du pied bot le choix d'un appareil orthopédique n'est pas de mince importance, attendu que de ce choix peut dépendre la réussite la plus complète ou l'insuccès le plus déplorable.

Les quelques lignes et les observations précédentes indiquent suffisamment l'appareil auquel nous accordons le plus volontiers nos suffrages, tant à cause de son application absolument inoffensive, comparée surtout à celle d'une foule d'autres appareils, qu'à cause des guérisons, aujourd'hui sans nombre et souvent inespérées, qu'il a opérées et opère tous les jours entre les mains de M. le Dr de Saint-Germain à l'hôpital de l'Enfant-Jésus.

Cet appareil, mérite encore la préférence à cause de sa grande simplicité, à cause de la grande facilité avec laquelle le chirurgien peut se le procurer, soit en ville, soit à la campagne ; il se recommande enfin par le prix tout à fait modique auquel on peut l'obtenir.

BIBLIOTHÈQUE NATIONALE R.F. IMPRIMÉS

Paris. — A. PARENT, imp. de la Fac. de médec., rue M.-le-Prince, 31.
A. DAVY, successeur.

www.ingramcontent.com/pod-product-compliance
Ingram Content Group UK Ltd.
Pitfield, Milton Keynes, MK11 3LW, UK
UKHW020449230726
13925UKWH00005B/1847

9 782014 050110